DEUTSCHE
DEMOKRATISCHE
REPUBLIK
DEUTSCHE AKADEMIE
DER
LANDWIRTSCHAFTS-
WISSENSCHAFTEN
ZU BERLIN

SITZUNGSBERICHTE

1968 · Band XVII · Heft 5

R. TILLACK, H. ANDERS, A. KASTEN

Fragen der sozialistischen Intensivierung der Landwirtschaft (II)

Mit 4 Abbildungen und 5 Tabellen

AKADEMIE-VERLAG · BERLIN · 1969

Gehalten vor der Sektion Agrarökonomik
der Deutschen Akademie der Landwirtschaftswissenschaften zu Berlin
am 18. September 1967

Herausgeber: Deutsche Demokratische Republik
Deutsche Akademie der Landwirtschaftswissenschaften zu Berlin
Erschienen im Akademie-Verlag GmbH, 108 Berlin, Leipziger Straße 3–4

Lizenznummer: 202 · 100/568/69
Herstellung: IV/2/14 VEB Werkdruck, 445 Gräfenhainichen · 3220
Bestellnummer: 2141/17/5 · ES 22 B
2,90

Inhalt

RENATE TILLACK

Bedeutung und Stand der Forschungsarbeiten über „Analyse und Quantifizierung wichtiger Produktionsfaktoren“

Die sich aus der Aufgabenstellung unserer Landwirtschaft für die nächsten Jahre ergebende Steigerung der Pflanzen- und Tierproduktion erfordert von den Wissenschaftlern aller landwirtschaftlichen Disziplinen neue Überlegungen bei der Suche nach Wegen zu ihrer Verwirklichung. Da die Ertragssteigerung im Verlaufe des Intensivierungsprozesses vorwiegend über die weitere Erhöhung des Aufwandes erfolgt, werden in zunehmendem Maße Untersuchungen darüber notwendig, wie sich dieser Aufwand in Menge und Qualität der Produkte niederschlägt. Folglich tritt bei der Untersuchung landwirtschaftlicher Produktionsprozesse mit dem Ziel der Ertragssteigerung die Ermittlung von Aufwands-Ertrags-Beziehungen in allen landwirtschaftlichen Disziplinen mehr und mehr in den Vordergrund. Mit dem Streben nach Ertragserhöhung wird damit der ökonomische Aspekt der Produktion stärker betont, indem gleichzeitig auf die Ökonomie des Arbeits- und Mitteleinsatzes orientiert wird, um zu gewährleisten, daß das jeweilige Produkt mit möglichst geringem Aufwand an lebendiger und vergegenständlichter Arbeit erzeugt und ein hoher Neuwert im Produktionsprozeß geschaffen wird. Die Erforschung der Wirkungsweise der Produktionsfaktoren gewinnt infolgedessen zunehmend an Bedeutung.

Produktionssteigerung ist unter sozialistischen Produktionsverhältnisse außer durch den zunehmenden Produktionsmitteleinsatz vor allem durch die Möglichkeit der erhöhten Wirksamkeit des Faktors Arbeitskraft zu erzielen, die sich aus der zentralen Stellung der Hauptproduktivkraft Mensch im Produktionsprozeß ergibt.

Gegenstand der Ausführungen sind einige Probleme des Einsatzes der gegenständlichen Faktoren des Produktionsprozesses.

Produktionsfaktoren kennzeichnen die Einsatzseite der Produktion. Sie sind deren stoffliche und energetische Ursachen und umfassen alle Größen, die einen Einfluß auf Ablauf und Ergebnis von Produktionsprozessen ausüben. Das Produktionsergebnis, d. h. Menge und Qualität des jeweiligen Erzeugnisses, ist somit das Resultat des Zusammenwirkens der Produktionsfaktoren im Verlaufe des Produktionsprozesses. Geht man davon aus, daß jeder Produktionsprozeß in einem System abläuft und bezeichnet man das Produkt als Output, so stellen die Produktionsfaktoren die wirksamen Inputs des Systems dar, unabhängig zunächst von ihrer Wirkungsweise auf das Produkt und unabhängig davon, ob sie vom Menschen gezielt als Mittel eingesetzt werden oder ohne sein Zutun auf den Produktionsprozeß einwirken. Zu den Produktionsfaktoren zählen in landwirtschaftlichen Produktionsprozessen die Arbeitskraft und die von ihr eingesetzten Produktionsmittel, aber auch eine Reihe vom Menschen noch nicht beherrschter Faktoren, die als biologisch und klimatisch bedingte Einflußgrößen Ablauf und Ergebnis vor allem von Prozessen der Pflanzenproduktion mitbestimmen.

ROSENKRANZ (1966) mißt in seinem Aufsatz „Agrarökonomische Forschung und Prognose" unter den wesentlichen Forschungsaufgaben der Untersuchung der Wirkung von Produktionsfaktoren als Bestandteil der betriebsökonomischen Grundlagenforschung besondere Bedeutung bei.

Es dürfte klar sein, daß die Erforschung der Wirkung von Produktionsfaktoren keine ausschließlich betriebsökonomische Angelegenheit darstellt. Die eigentliche Untersuchung des Einflusses von Produktionsfaktoren auf den Ertrag bis zur Angabe mengenmäßiger Aufwands-Ertrags-Beziehungen für einzelne Faktoren und Produkte der Pflanzen- und Tierproduktion ist Aufgabe der jeweiligen Fachdisziplinen. Dabei entfallen auf die Betriebsökonomik u. a. Probleme

- der Effektivität des Einsatzes lebendiger Arbeit einschließlich der Wirkung des Faktors Leitung sowie soziologischer und arbeitspsychologischer Sachverhalte,
- der Ökonomik des Produktionsmitteleinsatzes,
- der optimalen Nutzung naturgegebener Produktionsfaktoren als ein Grundgedanke der zweckmäßigen Standortverteilung der Produktion.

Gegenstand betriebsökonomischer Untersuchung von Produktionsfaktoren sind in erster Linie ihr ökonomisches Verhalten, insbesondere ihr Einfluß auf Aufwands- und Ertragshöhe sowie Regel- bzw. Gesetzmäßigkeiten ihres Zusammenwirkens in einzelnen Produktionsprozessen, die in Systemen (Produktionseinheiten, Betrieben, Kooperationsgemeinschaften, Kooperationsverbänden) ablaufen.

Das Ziel betriebsökonomischer Untersuchungen der Wirkung von Produktionsfaktoren besteht in der Ableitung theoretisch begründeter Kriterien für deren ökonomisch wirksamsten Einsatz.

Produktionsprozesse optimieren heißt dabei, die Produktionsfaktoren in das unter den jeweiligen Bedingungen erreichbare günstigste Wirkungsverhältnis zu bringen, um das Verhältnis zwischen Aufwand und Ertrag, die Aufwandshöhe oder die Aufwandszusammensetzung bei der Produktion mit Pflanzen und Tieren optimal zu gestalten.

Mit fortschreitender Erkenntnis des Einflusses der einzelnen Faktoren auf das Produktionsergebnis und der vielfältigen gegenseitigen Beeinflussung, aber auch mit der Weiterentwicklung der mathematischen Methoden wird es zunehmend besser möglich werden, das Produktionsergebnis als Funktion des Wirkens zumindest der wesentlichen der beteiligten Faktoren darzustellen.

Die Erarbeitung objektiver Kriterien und Methoden für den Einsatz der Produktionsfaktoren soll die einfach noch vorherrschende Empirie beim Entscheid über die Organisation der Produktion überwinden helfen. Sie wird gleichzeitig zur Weiterentwicklung einer ökonomischen Theorie der Produktion von landwirtschaftlichen Produkten auf erster und zweiter Stufe als Bestandteil der Ökonomik sozialistischer Landwirtschaftsbetriebe beitragen.

Analyse und Quantifizierung stellen zwei Phasen dar, in denen die ökonomische Untersuchung der Wirkung von Produktionsfaktoren erfolgen sollte. Beide sind Voraussetzung für den ökonomischen Entscheid über Einsatzmenge und Kombination der Produktionsfaktoren im Produktionsprozeß.

Die Analyse soll zunächst die Frage beantworten, welche Faktoren bei der Produktion einzelner Erzeugnisse in welcher Richtung wirken. Sie stellt eine Bestandsaufnahme, eine Katalogisierung der Faktoren dar, die Voraussetzung für deren Quantifizierung ist. Das von Wirtschaftswissenschaftlern bei der Analyse der Faktoren der Arbeitsproduktivität angewandte methodische Vorgehen scheint auch für die Analyse der Produktionsfaktoren in landwirtschaftlichen Produktionsprozessen geeignet zu sein. Zur Faktorenanalyse zählen nach TOMM (1966):

- die Bestimmung der Faktoreigenschaften bzw. -struktur,
- die Untersuchung der Wirkungsweise und
- der Zusammenhänge zwischen den Faktoren einschließlich ihrer ökonomischen Verhaltensweise.

Die Vielzahl der in landwirtschaftlichen Produktionsprozessen wirkenden Faktoren erfordert deren Gliederung und die Beschränkung der Untersuchung zunächst auf die wichtigsten Faktoren. Hier erhebt sich die Frage, ob bereits bekannt ist, welche Faktoren die wichtigsten sind, d. h., über welche Faktoren sich das Ergebnis konkreter Produktionsprozesse beim derzeitigen und künftigen Stand der Produktivkräfte und der sozialistischen Produktionsverhältnisse in Richtung auf die gewünschte Ertragssteigerung am günstigsten beeinflussen läßt.

Aus der Zuordnung der Produktionsfaktoren zu politökonomischen Kategorien und der Untersuchung ihrer Struktur, des Grades ihrer Beherrschung im Produktionsprozeß, ihres Einflusses auf Aufwand und Ertrag sowie der Art und Weise ihres Zusammenwirkens im Produktionsprozeß ergeben sich dabei die wesentlichsten Gesichtspunkte für Gliederung und Systematisierung der Produktionsfaktoren nach ökonomischen Gesichtspunkten.

Unter Quantifizierung von Produktionsfaktoren wird das Messen ihrer Einsatzmenge und ihres Einflusses auf das Ergebnis der Produktion des jeweiligen Erzeugnisses verstanden. Mit ihrer Hilfe werden qualitativ festgestellte Beziehungen der Faktoren untereinander und zum Produktionsergebnis quantitativ erfaßt und formuliert. Das in der Ökonomik nun einmal erforderliche Arbeiten mit Wertgrößen, also mit Kosten für den Faktoreinsatz und mit Preisen bzw. Meßwerten für die Produkte, setzt Klarheit über die mengenmäßigen Produktionsbeziehungen voraus, wirft aber gleichzeitig Probleme der Bewertung auf, auf die an anderer Stelle noch kurz eingegangen werden soll.

Der von WERNER und TILLACK (1967) erarbeitete „Beitrag zur Quantifizierung des Produktionsfaktors organische Masse“ stellt einen Versuch dar, einen bisher in seiner Wirkung auf das Produktionsergebnis wenig untersuchten Produktionsfaktor zu bewerten und Schlußfolgerungen für seinen ökonomischen Einsatz zu ziehen. Dabei sowie in weiteren Untersuchungen zur Wirkung von Produktionsfaktoren in der Pflanzenproduktion ergab sich, daß viele von den Naturwissenschaftlern bisher ermittelte Versuchsergebnisse und statistische Erhebungen über die Wirkung von Produktionsfaktoren kaum als Basis aussagekräftiger ökonomischer Schlußfolgerungen über ihren Einsatz in der Pflanzenproduktion dienen können. Diese Tatsache ist allgemein bekannt. Durch das Fehlen naturwissenschaftlicher Angaben darüber, wie sich erhöhter Faktoraufwand in den Erträgen widerspiegelt, ist es nicht möglich, allgemeingültige Schlüsse für den ökonomischen Einsatz zu ziehen, und wohl wenig sinnvoll, mit Hilfe aufwendiger mathematischer Hilfsmittel umfangreiche Modelle zu konstruieren, die ausschließlich auf ungenügend fundierten Daten aufgebaut sind. Die ökonomische Quantifizierung muß sich bei solchen Faktoren zunächst darauf beschränken, mögliche ökonomische Auswirkungen ihres Einsatzes in unterschiedlichen Mengen unter bestimmten Bedingungen der Tendenz nach aufzuzeigen. Der Wert derartiger Untersuchungen besteht vor allem darin, daß durch sie Lücken in der Kenntnis der Wirkungsweise von Produktionsfaktoren aufgezeigt werden und deren weitere Erforschung durch die jeweilige Fachdisziplin angeregt wird.

Während die Verallgemeinerungsfähigkeit der Aussagen mathematischer Modelle über den optimalen Faktoreinsatz einerseits durch ungenügende Zuverlässigkeit der zugrunde liegenden Ausgangsdaten geschmälert wird, besteht andererseits eine weitere Fehlerquelle in der Bewertung von Faktoren und Produkten. Die jeweils gewählten Preise, Verrechnungssätze oder Meßwerte üben einen ganz erheblichen Einfluß auf das Ergebnis aus. Wenn die Anwendung mathematischer Methoden in der Betriebsökonomik als Erkenntnishilfsmittel bei der Untersuchung der Wirkung von Produktionsfaktoren dienen und als Entscheidungshilfsmittel für ihren ökonomisch zweckmäßigen Einsatz zu exakteren Aussagen führen soll, muß auch dieses Problem gelöst werden.

Eine größere Anzahl quantifizierter Angaben über den Einfluß von Produktionsfaktoren auf den Ertrag liegt bisher nur für die Mineraldüngung und darunter wiederum für den Stickstoff vor. Solche ökonomischen Untersuchungen über den Nutzen des Mineraldüngereinsatzes, wie sie u. a. von JANNERMANN, JAHN und DITTMANN (1967), PAASCH (1958) und SCHADEREIT (1966, 1967) durchgeführt wurden, stellen einen Anfang der ökonomischen Quantifizierung von Produktionsfaktoren dar, auf deren Grundlage Schlußfolgerungen für ihren praktischen Einsatz möglich sind.

Die zahlreichen Arbeiten, in denen der Einfluß von Klima und Bodengüte auf die Ertragshöhe einzelner Pflanzenarten untersucht wird, u. a. die von ROTH (1956), MARONDE (1957), LEWKE (1962), SCHÜHLY und SCHWARTZ (1955), lassen Aussagen darüber zu, welche Pflanzenarten am betreffenden Standort produziert werden sollen. Um für den Faktoreinsatz im einzelnen Produktionsprozeß Schlußfolgerungen ableiten zu können, genügt es nicht, die Vielzahl der über das Klima und den Boden wirkenden verschiedenartigen Einflußgrößen im „Faktor“ Ackerzahl zusammenzufassen, den Erträgen gegenüberzustellen und Funktionen zu berechnen. Hier ist es erforderlich, bereits bei der naturwissenschaftlichen Untersuchung die Faktorenkomplexe Klima und Boden in ihre wirksamen Strukturelemente aufzugliedern und neben dem Einfluß der Faktormenge auch den des Zeitpunktes bzw. der Dauer der Einwirkung auf den Produktionsprozeß zu berücksichtigen. Solche modernen Forschungsmethoden wie z. B. der Einsatz des Phytotrons „... bieten ... die Möglichkeit exakter Untersuchung der wichtigsten Klimafaktoren in Abhängigkeit vom Zusammenwirken mit anderen Wachstumsfaktoren" (BRETSCHNEIDER-HERRMANN, 1962). Durch Zerlegung des Faktorkomplexes Klima in seine wirksamen Strukturelemente Licht und Temperatur (Energiequellen), CO_2-Gehalt und Luftfeuchtigkeit (Quellen für Baumaterial des Pflanzenwachstums) und durch deren unterschiedliche Kombination mit verschieden bemessenen Nährstoffgaben werden eher quantifizierbare Aussagen über die Wirkung und Beeinflussung des Klimas in der Pflanzenproduktion möglich sein als über die empirische Auswertung von Ernteertragsstatistiken allein.

Gleiches trifft für die Untersuchung der Wirkung des Produktionsfaktorenkomplexes Boden zu. Hier bietet das Verfahren der Hydrokultur, bei der Pflanzen unter vollständiger Substitution des Bodens durch seine wirksamen Komponenten produziert werden, die Möglichkeit, Rückschlüsse auf die Funktion der einzelnen Bodenbestandteile und -eigenschaften sowie des Bodens als Komplex in einzelnen Produktionsprozessen zu ziehen. Eine solche analytische Betrachtungsweise erscheint als geeigneter Weg, zu exakteren Aussagen über die Wirkung des Faktorkomplexes Boden und, davon ausgehend, zu seinem effektiven Einsatz zu gelangen.

Grundsätzlich gilt für die Pflanzenproduktion wie für jeden anderen Produktionsprozeß, daß der Mensch Arbeitskraft und Produktionsmittel als wichtigste Produktionsfaktoren einsetzt, um eine bestimmte Produktmenge mit einem bestimmten Gebrauchswert zu erzeugen. Ebenfalls vergleichbar mit anderen Produktionsprozessen und besonders ähnlich denen der chemischen Industrie ist die Pflanzenproduktion hinsichtlich der Tatsache, daß die beteiligten Produktionsfaktoren die instrumentelle, stoffliche und energetische Grundlage der Produktion darstellen (vgl. bei VAUCK und MÜLLER, 1966).

Genauso gilt auch in der Pflanzenproduktion das ökonomische Prinzip, d. h. das Bestreben, das jeweilige Produktionsergebnis mit einem möglichst geringen Aufwand zu erreichen. Dabei wird unter Aufwand der Einsatz von menschlicher Arbeit sowie Arbeitsmittel und Arbeitsgegenständen verstanden, die bereits Ergebnis vorangegangener Produktionsprozesse sind und deren Einsatz Kosten verursacht. Während die in industriellen Produktionsprozessen erzeugte Produktmenge im wesentlichen als Funktion des Aufwandes, also der kostenverursachenden Faktoren aufgefaßt werden kann, werden in der Pflanzenproduktion Ertrags- und Aufwandshöhe sowie ihr Verhältnis zueinander als wichtigstes ökonomisches Kriterium von einer Reihe charakteristischer Faktoren beeinflußt, deren Wirkungsweise bei der Realisierung des ökonomischen Prinzips berücksichtigt werden muß. So sind Prozesse der Pflanzenproduktion als teilweise extraktive Prozesse gekennzeichnet durch

– den Einfluß von nicht oder noch nicht ausreichend beherrschten Produktionsfaktoren sowie durch
– das Mitwirken nicht kostenverursachender Produktionsfaktoren als Arbeitsmittel und Arbeitsgegenstand.

Das Wirken dieser Faktoren wird verursacht durch den teilweise extraktiven Charakter der Pflanzenproduktion und durch den ungenügenden Stand der Erkenntnis der Gesetzmäßigkeiten des ihr zugrunde liegenden biologischen Stoffbildungsprozesses. Der Grad ihrer ökonomischen Auswirkung ist abhängig vom jeweiligen Entwicklungsstand der Produktivkräfte und dem damit verbundenen Grad der Beherrschung des Produktionsprozesses durch den Menschen. Die beiden miteinander in Wechselbeziehungen stehenden Faktorengruppen wirken, jede für sich allein betrachtet, in unterschiedlicher Richtung auf Aufwandshöhe und Ertrag in Pflanzenproduktionsprozessen.

Die Abbildung zeigt den Versuch einer Gliederung der Produktionsfaktoren nach dem Grad ihrer Beherrschung im Produktionsprozeß. Dabei ist in der Tendenz eine Abnahme der Beeinflußbarkeit von links nach rechts festzustellen.

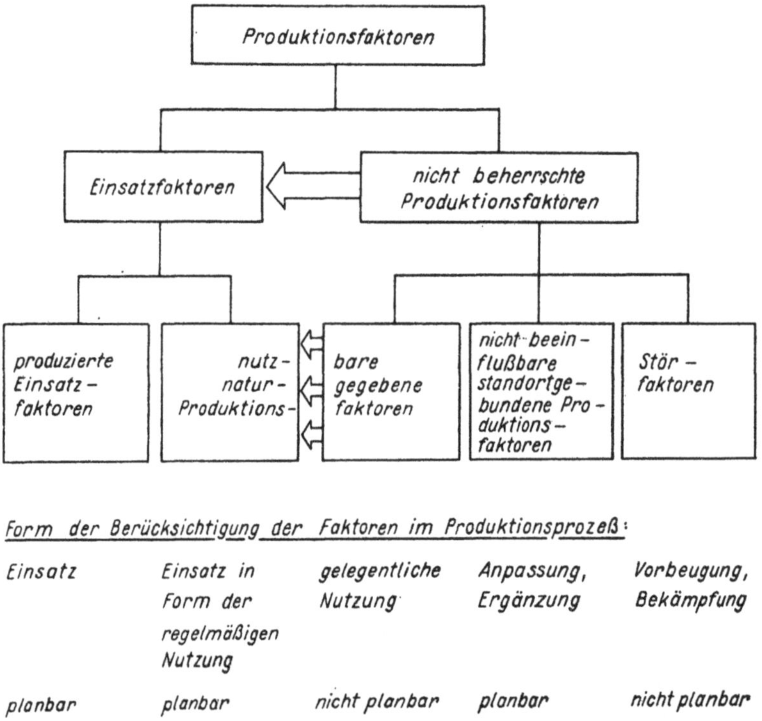

Gliederung der Produktionsfaktoren nach dem Grad ihrer Beherrschung und der Form ihres Einsatzes im Produktionsprozeß

Zunächst können die Produktionsfaktoren, die alle im Produktionsprozeß wirkenden Einflußgrößen umfassen, grob unterteilt werden in vom Menschen gezielt eingesetzte Produktionsfaktoren mit Produktivkraftcharakter (Arbeitskraft, produzierte und naturgegebene Arbeitsmittel und Arbeitsgegenstände), die als Einsatzfaktoren bezeichnet werden sollen, und in noch nicht beherrschte Produktionsfaktoren. Letztere gliedern sich in Faktoren, deren Wirken als standortgebunden im wesentlichen bekannt ist, und in solche, die den Produktionsprozeß als Störgrößen mehr oder weniger zufällig beeinflussen. Dazu gehören extreme Witterungseinflüsse sowie Krankheits- und Schädlingsbefall, die sich direkt ertragmindernd auswirken bzw. zu nicht ertragwirksamen Aufwendungen führen. Während es möglich ist, phytopathogene Faktoren durch Erhöhung des Aufwandes (Einsatz von Bekämpfungsmitteln, Resistenzzüchtung, Selektion) nahezu auszuschalten, ist der Einfluß extremer Witterungsbedingungen im einzelnen Produktionsprozeß nur wenig zu beherrschen. Negative ökonomische Auswirkungen können bis zu einem gewissen Grade durch Reservebildung vermindert werden.

Zu den begrenzenden standortgebundenen Produktionsfaktoren können bestimmte, relativ konstante Elemente des Klimas, die Geländegestalt und die Bodenart gerechnet werden. Diese im allgemeinen Sprachgebrauch als „natürliche Produktionsbedingungen" bezeichneten Faktoren wirken in der Regel über eine in einem bestimmten Zeitabschnitt für den jeweiligen Produktionsprozeß entweder zuviel oder zuwenig verfügbare Menge direkt ertragwirksamer Faktoren, wie Wasser (Niederschlagsmenge und -verteilung), Wärme und Licht (Tageslänge, Intensität der Sonneneinstrahlung).

Zwischen Einsatzfaktoren und noch nicht beherrschten Produktionsfaktoren ist keine strenge Trennung möglich. Der in der Abbildung zwischen beiden Gruppen eingezeichnete Pfeil soll den sich mit fortschreitender Entwicklung der Produktivkräfte vollziehenden Prozeß der ständig zunehmenden Beherrschung der Produktionsfaktoren andeuten. Dabei wird eine Ertragssteigerung über die Ergänzung begrenzender und die Ausschaltung störender Faktoren vorwiegend durch den Einsatz produzierter Produktionsmittel und damit durch Steigerung des Aufwandes erreicht.

Ein weiteres wesentliches Merkmal der Pflanzenproduktion besteht im Mitwirken nicht kostenverursachender Produktionsfaktoren. Produktionssteigerung wird in der Pflanzenproduktion wie in anderen Produktionsprozessen in der Regel durch erhöhten Faktoreinsatz verursacht. Höhere Pflanzenerträge sind nur durch vermehrte Stoff- und Energiebindung durch das Produktionsmittel Pflanze möglich. Dieser erhöhte Faktoreinsatz muß jedoch nicht mit erhöhtem Aufwand verbunden sein. Durch die prinzipiell vorhandene Möglichkeit vermehrter Einbeziehung nicht kostenverursachender Produktionsfaktoren, in erster Linie von naturgegebenen Energien und Stoffen als Arbeitsmittel und Arbeitsgegenstände, kann die Produktion stärker gesteigert werden als der Aufwand.

Sonnenenergie und die Arbeitsgegenstände Wasser, Nährstoffe und Kohlendioxyd aus der Luft sind als wesentlichste Grundlagen des pflanzlichen Energiebindungs- und Stoffbildungsprozesses zugleich kostenlose Produktionsfaktoren im Pflanzenproduktionsprozeß. Dabei kommt es vor allem auf die maximale Nutzung von Licht und Wärme an, da die Sonnenenergie, wie REINAU (1927) und BIRKE (1963) feststellen, letzten Endes den begrenzenden Faktor für die Pflanzenproduktion darstellt. Bei DE WIT (1959) heißt es dazu: „Bei ausreichender Nährstoff- und Wasserversorgung ist die Trockensubstanzproduktion je Einheit Bodenfläche von der photosynthetisch aktiven Lichtmenge abhängig, die auf dieser Bodenfläche von den Pflanzen absorbiert wird."

REINAU (1927) stellte fest: „Wo man Pflanzen hinstellt, nützt man die Energie der Sonne und des Lichtes, die beide nichts kosten, aus . ." und schlußfolgert: „Das Geschäft ergiebigster Flächennützung durch Pflanzenerzeugung besteht darin, im Laufe derjenigen Zeit des Jahres, wo Pflanzen überhaupt wachsen können, . . . möglichst viele Augenblicke aneinanderzureihen, in denen die zustrahlende Lichtenergie durch . . . Pflanzenmasse, die die Fläche so dicht wie möglich abdeckt, umgesetzt wird."

Damit kommt bereits zum Ausdruck, daß der ökonomisch optimale Einsatz der naturgegebenen Produktionsfaktoren in ihrer maximalen Nutzung besteht. Der Ökonom hat demzufolge die Aufgabe, die Produktionsfaktoren in Pflanzenproduktionsprozessen nach Menge und zeitlicher Verteilung so einzusetzen, daß der Anteil nicht kostenverursachender Faktoren an der gesamten zur Produktion notwendigen Faktormenge möglichst hoch wird. Da diese Faktoren von Natur aus keinen Wert und demzufolge keinen Preis besitzen (von einer möglichen Bewertung begrenzt verfügbarer Produktionsfaktoren zum Zwecke ihrer ökonomischen Ausnutzung einmal abgesehen), gehen sie eigentlich nur mit den Kosten ihres „Abbaus" in das Produkt ein, wobei unter Kosten des Abbaus (verglichen mit anderen extraktiven Prozessen, z. B. dem Bergbau) der Mehraufwand an gesellschaftlicher Arbeit zu verstehen wäre, der zur verstärkten Einbeziehung dieser Faktoren in den Produktionsprozeß erforderlich ist. Dieser Mehraufwand wirkt in der Regel sehr effektiv. Unter den Maßnahmen, die zur vermehrten Nutzung der Gratisfaktoren führen, kommt bereits solchen, die zur Verbesserung der Funktionstüchtigkeit der Arbeitsmittel, in erster Linie des Pflanzenbestandes, beitragen, große Bedeutung zu. Aufwendungen zur Verbesserung des Produktionsmittels Boden, wie beispielsweise die Abführung überschüssiger Wassermengen im Frühjahr, tragen neben der direkten Verhinderung von Nässeschäden (Ausschaltung von Störfaktoren) durch die Möglichkeit der früheren Bestellung zur besseren Nutzung der Faktoren Licht und Wärme und damit zur Produktionssteigerung bei. Als weitere Beispiele sind zu nennen:

- der Einsatz der Bewässerung auf von Natur aus nährstoffreichen Böden, verbunden mit dem Anbau leistungsfähiger Pflanzenarten,
- der erhöhte Nährstoffeinsatz bei reichlich zur Verfügung stehenden Wassermengen.

Unter Berücksichtigung der Wirkungsweise der beiden besprochenen Faktorengruppen könnte als wesentlicher Grundsatz des ökonomischen Faktoreinsatzes in der Pflanzenproduktion formuliert werden:

Um einen möglichst hohen Pflanzenertrag mit relativ geringsten Kosten zu erzeugen, ist es erforderlich, den Einsatz produzierter Produktionsmittel nach Menge und zeitlicher Verteilung so zu gestalten, daß unter Anpassung an noch nicht beeinflußbare Produktionsfaktoren eine möglichst große Menge nicht kostenverursachender Produktionsfaktoren zur Ertragssteigerung genutzt wird.

Dieses Prinzip ist einmal bei der Auswahl des an einem Standort zu produzierenden Erzeugnisses, zum anderen beim Entscheid über das anzuwendende Produktionsverfahren sowie beim Faktoreinsatz während des Ablaufes des Produktionsprozesses zu beachten. Es wird mit zunehmender Erkenntnis der Wirkungsweise der Produktionsfaktoren möglich werden, diesen Grundsatz zu präzisieren und ihn zur Grundlage auf quantifizierten Faktor-Produkt-Beziehungen aufbauender Produktionsprogramme für den Faktoreinsatz bei einzelnen Erzeugnissen der Pflanzenproduktion zu machen.

Zusammenfassung

Es wird auf die Bedeutung der Untersuchung der Wirkungsweise der Produktionsfaktoren für die über die Intensivierung zu erreichende Ertragssteigerung in der Pflanzenproduktion eingegangen. Voraussetzung für den ökonomisch effektiven Einsatz der Produktionsfaktoren sind quantifizierte Faktor-Produkt-Beziehungen. Bei der Realisierung des ökonomischen Prinzips sind in Prozessen der Pflanzenproduktion besonders das Mitwirken nicht kostenverursachender Faktoren und der Einfluß noch nicht beherrschter Faktoren zu beachten. Entsprechend dem Stand der Erkenntnis und der Bedeutung für die Ertragssteigerung sollte neben der Analyse der Wirkungsweise aller beteiligten Faktoren der Quantifizierung der Beziehungen zwischen Nährstoff- und Wassereinsatz und den Pflanzenerträgen besondere Aufmerksamkeit gelten.

Резюме

Название работы: Значение и уровень развития исследовательских работ по анализу и количественному выражению важных производственных факторов

Рассматривается значение изучения действия производственных факторов для повышения урожайности в растениеводстве, достигаемого путем интенсификации. Предпосылкой для экономически наиболее эффективного использования производственных факторов является количественное выражение взаимоотношений фактор – продукт. При осуществлении экономического принципа в процессах растениеводческого производства особенно следует учитывать действие факторов, не вызывающих за трат и влияние еще не поддающихся управлению факторов. Соответственно уровню познаний и значению для повышения урожайности, кроме анализа всех участвующих факторов, особое внимание следовало бы уделять числовому выражению взаимосвязей между использованием питательных веществ и воды и урожаями растений.

Summary

Title of the paper: Bearings and present position of research regarding the analysis and quantification of important production factors

The importance implied in an investigation of the action of production factors for plant production yield rises achievable by intensification are discussed. Quantified factor-product relationships are considered inevitable conditions for an economically effective utilization of production factors. In implementing the principle of economy in processes of plant production, the action of factors not entailing costs and the influence of factors not yet under control should be taken into account. In agreement with the latest findings and the bearings upon yield improvement, special attention should be paid to the analysis of action of all factors involved as well as to the quantification of relationships between nutrient and water applications, on the one hand, and crop yields, on the other.

Literatur

BIRKE, J.: Physiologie der Ertragsbildung vom Standpunkt des Acker- und Pflanzenbaues. Sitz.-Ber. Dt. Akad. Landwirtsch.-Wiss. Berlin 12 (1963), Nr. 13, S. 65

BRETSCHNEIDER-HERRMANN, B.: Das Phytotron in Rauischholzhausen. Z. Acker- u. Pflanzenbau 115 (1962), S. 213–222

JANNERMANN, G.; JAHN, W.; DITTMANN, L.: Zur Bestimmung des ökonomischen Nutzens der Stickstoffdüngung bei zunehmenden Anwendungen. Dt. Landwirtsch. 18 (1967), S. 244 ff.

LEWKE, K.: Der Einfluß der Ackerzahl, Bodenart und Zustandsstufe auf die Erträge in Mecklenburg. Rostock, Univ., Diss. 1962, 98 S.

MARONDE, E.: Bedeutung der natürlichen Ertragsfaktoren für die Höhe der erzielbaren Ernteerträge des Ackerlandes. Jena, Univ., Diss. 1957, 100 S.

PAASCH, E. W.: Methodische Untersuchungen über die Ökonomik des Produktionsmitteleinsatzes in der Landwirtschaft, dargestellt am Beispiel der mineralischen Düngemittel. Halle, Univ., Habil-Schr. 1958

REINAU, E.: Praktische Kohlensäuredüngung in Gärtnerei und Landwirtschaft. Berlin, Springer-Verl., 1927, S. 61–62

ROSENKRANZ, O.: Agrarökonomische Forschung und Prognose. Agrarökonomik 9 (1966), S. 399–402

ROTH, H.: Untersuchungen über die Beziehungen zwischen den von der Bodenschätzung erfaßten natürlichen Ertragsbedingungen und den Ernteerträgen des Ackerlandes. Berlin, Akademie-Verl., 1956, 72 S.
SCHADEREIT, G.: Die maximale und die ökonomisch optimale Stickstoffdüngung zu Getreide und Hackfrüchten. Rostock, Univ., Diss. 1966
SCHADEREIT, G.: Die Anwendung der Produktionsfunktionsanalyse zur Bestimmung des Nutzens der Umlaufmittel ... Agrarökonomik 10 (1967), S. 40 ff.
SCHÜHLY, P.; SCHWARTZ, O.: Zur Abhängigkeit der Erträge von natürlichen Voraussetzungen und Bewirtschaftungseinflüssen und deren gegenseitige Abgrenzung. Ber. Landwirtsch. 33 (1955), S. 256–267
TOMM, A.: Bestimmung und Analyse der Faktoren des Nutzeffektes der gesellschaftlichen Arbeit. Arbeitsökonomik 10 (1966), S. 532
VAUCK, W. R. A.; MÜLLER, H. A.: Grundoperationen chemischer Verfahrenstechnik. Dresden u. Leipzig, Verl. Th. Steinkopff, 1966, S. 6
WERNER, K.; TILLACK, R.: Beitrag zur Quantifizierung des Produktionsfaktors organische Masse. Agrarökonomik 10 (1967), S. 95–103
WIT, C. T. DE: Potential photosynthesis of crop surfaces. Neth. J. agric. Sci. 7, 1959, Zit. bei BIRKE, S. 66

Anschrift der Verfasserin:

Dipl.-Landw. Renate WAGNER geb. TILLACK
Institut für Landwirtschaftliche Betriebs- und Arbeitsökonomik Gundorf
der Deutschen Akademie der Landwirtschaftswissenschaften zu Berlin
7152 Böhlitz-Ehrenberg, Karl-Marx-Straße 200

HORST ANDERS

Die Anwendung der Produktionsfunktionsanalyse zur Erfassung des Intensivierungseffektes

Im Rahmen dieses Berichtes ist es nicht möglich, umfassend die Anwendung der Produktionsfunktionsanalyse zur Erfassung des Intensivierungseffektes zu behandeln. Es wird deshalb versucht, an einem Beispiel zu verdeutlichen, wie durch die Anwendung der Produktionsfunktionsanalyse der Einfluß von Produktionsfaktoren auf den Intensivierungseffekt quantifiziert werden kann.

Die Erfassung des Intensivierungseffektes, d. h. des Nutzens zusätzlicher Aufwendungen auf gleicher Bodenfläche kann nach verschiedenen Gesichtspunkten erfolgen.

Sie kann einmal dazu dienen, die komplexe Wirkung, die sich aus der Erhöhung des Aufwandes an gesellschaftlicher Arbeit auf die Steigerung der landwirtschaftlichen Produktion ergibt, zu ermitteln. Diese Aussagen sind vor allem für perspektivische volkswirtschaftliche Entscheidungen von Bedeutung. In diesen Fällen ist es notwendig, mit stark aggregierten Aufwandsgrößen zu arbeiten.

Von genau so großer Bedeutung ist die Quantifizierung des Einflusses der einzelnen im System wirkenden Produktionsfaktoren auf den Intensivierungseffekt. Ergebnisse derartiger Untersuchungen können wesentliche Grundlagen für die optimale Gestaltung des landwirtschaftlichen Produktionsprozesses darstellen.

Da zum ersten Komplex erste methodische Arbeitsergebnisse von uns vorliegen, ist es möglich, etwas näher auf ihn einzugehen. Es ist notwendig, besonders darauf hinzuweisen, daß es sich um methodische Arbeitsergebnisse handelt. Die Produktionsfunktionsanalyse erfolgte auf der Grundlage von Daten volkseigener Güter aus dem Jahre 1965. Es dürfte verständlich sein, daß auf der Grundlage einjähriger Ergebnisse und der geringen Anzahl der Betriebe keine gesicherten Schlußfolgerungen möglich sind. Die Arbeiten werden deshalb in Form mehrjähriger Querschnittsanalysen fortgeführt. Gleichzeitig wird geprüft, wie der Faktor Zeit in die Untersuchungen mit einzubeziehen ist.

Das Ziel der Untersuchung besteht in der methodischen Prüfung, wie

- die Quantifizierung des Einflusses der lebendigen Arbeit, der Grundmittel und der Umlaufmittel auf den Bruttoumsatz,
- die Erfassung des Einflusses natürlicher Standortfaktoren und
- die Ermittlung der Substitutionsmöglichkeiten zwischen Arbeitskraft und Grundmitteln bzw. Arbeitskraft und Umlaufmitteln erfolgen kann.

Die Schätzung von Produktionsfunktionen auf der Grundlage aggregierter betrieblicher Daten erfordert, wenn die Schätzungen keinen Verzerrungen unterliegen sollen, die Auswahl von Betrieben, die in ihrer Produktionsstruktur – damit auch in der Struktur des Aufwandes – ziemlich homogen sind. Gleichzeitig soll aber die abhängige Variable – damit verbunden auch der Faktoreinsatz – starken Streuungen unterworfen sein. Diese Gesichtspunkte wurden bei der Datenvorbereitung beachtet.

Die Schätzungen wurden mit Betriebsdaten volkseigener Güter der natürlichen Standorte $D\,2$ und $D\,4$ (Nord) durchgeführt.

Zur Verwirklichung der gegebenen Zielstellung wurde unter Beachtung der zur Verfügung stehenden Daten folgender Modellansatz verwendet:

$$P_u = f\,(B, G, S_v)$$

Dabei bedeutet:

P_u = Bruttoumsatz M/ha LN
B = AK/100 ha LN
G = Grundmittel in M/ha LN
S_v = Selbstkosten der vergegenständlichten Arbeit ohne Abschreibungen M/ha LN

Bei der Auswahl der Funktion muß davon ausgegangen werden, daß die Widerspiegelung nichtlinearer Beziehungen gegeben ist. In die nähere Betrachtung wurden deshalb folgende zwei Funktionen einbezogen:

$$y = a + b_1 x_1 + b_2 x_2 + b_3 x_3 + b_4 x_1^2 + b_5 x_2^2 + b_6 x_3^2 + \\ + b_7 x_1 x_2 + b_8 x_1 x_3 + b_9 x_2 x_3 \qquad (1)$$

$$\ln y = \ln a + b_1 \ln x_1 + b_2 \ln x_2 + b_3 \ln x_3 \qquad (2)$$

Dabei bedeutet:

$$y = P_u,\ x_1 = B,\ x_2 = G,\ x_3 = S_v$$

Aus dem multiplen Bestimmtheitsmaß $(B_{y\,.\,123})$ des Jahres 1964 ist ersichtlich, daß die Anpassung an die beobachteten Verhältnisse etwa gleich ist.

		$D\,4$	$D\,2$
$B_{(y\,\cdot\,123)}$:	Gleichung (1)	0,911	0,945
	Gleichung (2)	0,884	0,873

Deshalb braucht keiner der beiden in die Betrachtung einbezogenen Funktionen der Vorrang gegeben zu werden. Davon ausgehend, erfolgt die weitere Arbeit mit der logarithmischen Funktion, da diese rechnerisch einfacher zu bewältigen ist.

Bei der Untersuchung ökonomischer Prozesse mittels der Regressionsanalyse treten in der Mehrzahl der Fälle auch zwischen den unabhängigen Variablen der gewählten Funktion gewisse lineare Beziehungen auf. Es ist deshalb zu prüfen, wie stark diese Multikollinearität ist. Mit Hilfe partieller Korrelationskoeffizienten wird der zwischen den unabhängigen Variablen vorhandene Zusammenhang erfaßt. Die partiellen Korrelationskoeffizienten sind:

	$r_{12.3y}$	$r_{13.2y}$	$r_{23 \cdot 1y}$
$D\,4$	0,75	0,77	0,76
$D\,2$	0,86	0,80	0,79

HEADY und DILLON weisen darauf hin, daß Korrelationskoeffizienten bis zu einer Größe von 0,8 Schätzungen der Funktion zulassen. Diese Voraussetzungen sind bei allen Korrelationskoeffizienten bis auf $r_{12 \cdot 3y}$ im D 2 erfüllt. Mathematisch gesehen, müßte x_1 aus den weiteren Betrachtungen ausgeschaltet werden. Von ökonomischen Überlegungen ausgehend, ist es jedoch nicht möglich, bei der Betrachtung des Einflusses von Produktionsfaktoren auf die Veränderungen im Bruttoumsatz den Einfluß der lebendigen Arbeit unbeachtet zu lassen. Bei den weiteren Überlegungen ist jedoch zu berücksichtigen, daß die Regressionswerte vorsichtig betrachtet werden müssen und eine Aussage für volkswirtschaftliche Berechnungen zweckmäßigerweise am Material mehrerer Jahre erfolgt.

Die Tabelle 1 beinhaltet die Ergebnisse der geschätzten Funktionen.

Tabelle 1

Ergebnisse der geschätzten Funktionen

		$D\,4$	$D\,2$
$\bar{y}$		3212	2521
$\bar{x}_1$		14,2	12,3
$\bar{x}_2$		8267	6617
$\bar{x}_3$		2577	2094
$B_{y\,.\,123}$		0,924^{+++}	0,883^{+++}
F-Wert		138,113	40,047
	b_1	0,141·	0,057^{++}
	b_2	0,017^{++}	0,232^{++}
	b_3	0,657^{+++}	0,468^{++}
t-Wert	b_1	1,369	2,76
t-Wert	b_2	2,63	2,505
t-Wert	b_3	10,267	3,278
	a	16,2	3,27
$\sum_{j=1}^{3} b\,(j=1, 2, 3)$		0,815	0,757

Statistische Sicherung: ϰ= 0,001 $^{++}$: $\alpha = 0{,}01$
$^{+}$: $\alpha = 0{,}05$ $\alpha = 0{,}25$

Für die Auswertung der Funktionen ist die geschätzte Regressionslinie nicht ausreichend. Die Regressionslinie selbst gibt keine Auskunft darüber, in welchem Bereich der einzelnen in die Betrachtung einbezogenen unabhängigen

Variablen eine ökonomische Aussage gemacht werden kann. Die Berechnung von Konfidenzintervallen für die Regressionsfläche ermöglicht es, festzustellen, innerhalb welcher Spanne sich die getroffene Aussage mit welcher Irrtumswahrscheinlichkeit um die Regressionsfläche bewegt. Die Berechnung der Konfidenzintervalle erfolgt für die Regression des Bruttoumsatzes (y) bezüglich der einzelnen unabhängigen Variablen (x_1, x_2 und x_3). Sie wird mit einer Irrtumswahrscheinlichkeit von $\alpha = 0{,}05$ vorgenommen.

Um keine zu starken Streuungen der Einzelwerte um den Regressionswert zu erhalten, wird bei der Abgrenzung des zulässigen Bereichs davon ausgegangen, daß die Streuung der Einzelwerte um den jeweiligen Regressionswert bei der vorgegebenen Irrtumswahrscheinlichkeit höchstens $\pm 5\%$ betragen darf.

Diese Abgrenzung ermöglicht mit einer 95prozentigen statistischen Sicherheit, die Höhe des Bruttoumsatzes in Abhängigkeit der drei unabhängigen Variablen bei einer Streuung von höchstens $\pm 5\%$ zu bestimmen.

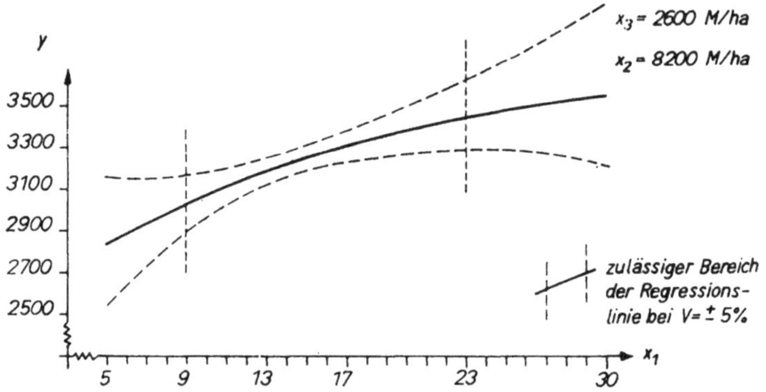

Abb. 1: Vertrauensgrenzen der abhängigen Variablen y in Abhängigkeit von x_1 bei konstanten x_2 und x_3 für die natürliche Standorteinheit D 4 (Nord)

Tabelle 2

Abgrenzung des zulässigen Bereiches für den natürlichen Standort D 4 (Nord)

x_1	x_2	x_3
9	8500–22 000	2600–7300
11	7000–17 500	2200–6500
13	6500–14 500	1900–4800
15	5000–12 500	1400–3800
17	4600–11 000	1300–3300
19	4000– 9 500	1300–2900
21	3500– 9 000	800–2700
23	3000– 8 000	700–2500

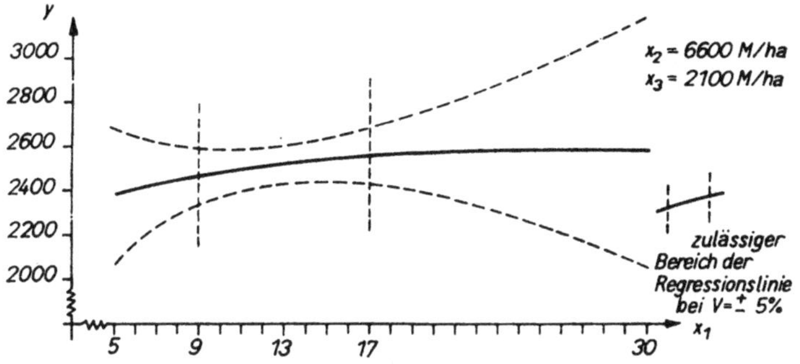

Abb. 2: Vertrauensgrenzen der abhängigen Variablen y in Abhängigkeit von x_1 bei konstanten x_2 und x_3 für die natürliche Standorteinheit D 2 (Nord)

Tabelle 3

Abgrenzung des zulässigen Bereiches für den natürlichen Standort D 2 (Nord)

x_1	x_2	x_3
9	7000–10 500	2300–4200
11	6000– 9 500	1900–3200
13	5000– 8 000	1600–2600
15	4500– 7 000	1300–2100
17	4000– 7 000	1100–1900

Die Abgrenzung des zulässigen Bereichs wird vorgenommen, indem durch das Konstanthalten von jeweils zwei unabhängigen Variablen Schnitte durch den Konfidenzbereich berechnet werden.

Die Abbildungen 1 und 2 zeigen den zulässigen Bereich der Variablen x_1.

Die Tabellen 2 und 3 zeigen dann, wie sich der zulässige Bereich für die Variablen x_2 bzw. x_3 bei unterschiedlichen x_1 gestaltet. Im folgenden soll auf die Interpretation der geschätzten Funktion eingegangen werden.

In den geschätzten Funktionen beträgt die Summe der Elastizitäten für $D\,4 = 0{,}815$ und $D\,2 = 0{,}757$.

Die Summe der Elastizitäten bringt zum Ausdruck, um wieviel Prozent steigt, wenn alle unabhängigen Variablen x_1 um 1 % gesteigert werden. Dementsprechend ist das Ergebnis der geschätzten Funktionen wie folgt zu deuten:

Die Erhöhung der Arbeitskräfte, der Grundmittel und der Kosten für vergegenständlichte Arbeit ohne Abschreibungen um 1 % führt auf D 4 zu einer Erhöhung des Bruttoumsatzes um 0,81 %. Auf D 2 beträgt diese Erhöhung 0,76 %.

Es zeigt sich, daß die günstigeren natürlichen Standortfaktoren auf D 4 zu einer höheren Effektivität der aufgewandten gesellschaftlichen Arbeit führen.

Das wird auch deutlich bei der Betrachtung der einzelnen Elastizitäten. Diese bringen zum Ausdruck, um wieviel Prozent sich y ändert, wenn sich die jeweilige unabhängige Variable x „ceteris paribus“ um 1 % ändert.
Ein weiteres Merkmal der geschätzten Funktionen ist

$$\sum_{j=1}^{3} b_j < 1$$

Dieses Ergebnis ist wie folgt zu deuten:

Der Bruttoumsatz erhöht sich langsamer als die Aufwendungen an gesellschaftlicher Arbeit. Es handelt sich in diesem Falle um sinkende returns to scale. Das bedeutet bei der Erhöhung des Aufwandes je Flächeneinheit eine Verringerung der Effektivität der gesellschaftlichen Arbeit. Diese Feststellung kann jedoch nur für einen gleichbleibenden Stand der Produktivkräfte als gültig angesehen werden, und die sich daraus ergebenden Schlußfolgerungen haben dementsprechend nur für kurze Zeiträume Gültigkeit.

Für perspektivische Schlußfolgerungen ist es deshalb notwendig, die Querschnittsanalyse mit der Zeitreihenanalyse zu verbinden und in die Betrachtung den Produktionsfaktor wissenschaftlich-technischer Fortschritt mit einzubeziehen.

Die Ergebnisse der Schätzung der Produktionsfunktion lassen sich tabellarisch darstellen. Dadurch ergeben sich Koeffizienten, aus denen die Beziehungen zwischen abhängigen und unabhängigen Variablen ermittelt werden können.

Die Tabellen 4 und 5 zeigen die Veränderung von y in Abhängigkeit von x_1 und x_2 bei konstanten x_3.

Tabelle 4

y in Abhängigkeit von x_1 und x_2 bei konstanten x_3 (2600 M/ha) für die natürliche Standorteinheit D 4

x_1 / x_2	9	11	13	15	17	19	21	23
3 000								3398
4 000						3323	3370	3414
5 000				3225	3284	3335	3383	3427
6 000				3235	3293	3346	3393	3437
7 000		3105	3179	3244	3302	3354	3401	3447
8 000		3112	3186	3251	3309	3361	3409	3454
10 000	3036	3124	3198	3263	3322	3371		
12 000	3045	3133	3208	3273				
14 000	3053	3141	3216					
16 000	3060	3148						
18 000	3066							
20 000	3071							
22 000	3076							

Tabelle 5

y in Abhängigkeit von x_1 und x_2 bei konstanten x_3 (2600 M/ha) für die natürliche Standorteinheit D 2

x_2 / x_1	9	11	13	15	17
2000	–				–
3000	–				–
4000			2355	2374	2391
5000		2512	2536	2557	2575
6000	2638	2668	2695		
7000	2777	2809			
8000	2903	2936			
9000	3018				
10000					

Ein Vergleich des Bruttoumsatzes bei gleichen Aufwendungen zwischen D 4 und D 2 macht die höhere Effektivität von Aufwendungen auf günstigeren natürlichen Standortbedingungen ebenfalls deutlich.

Bei 5000 M Grundmitteln je ha LN, 2600 M Kosten für vergegenständlichte Arbeit ohne Abschreibungen je ha LN und 15 AK je 100 ha LN beträgt der Bruttoumsatz auf D 4 3225 und auf D 2 2557 M je ha LN. Die Differenz beträgt 668 M.

Von volkswirtschaftlichem Interesse ist die Frage, inwieweit es unter diesen Bedingungen zweckmäßig ist, auf relativ ungünstigen natürlichen Standorten zu produzieren.

Ein Merkmal der geschätzten Funktionen sind sinkende returns to scale. Die Betrachtung des Differentialertrages auf D 4 bei Erhöhung von x_3 (x_1 wird mit 11 AK und x_2 mit 8200 M konstant gehalten) zeigt seine ständige Verringerung. Im Bereich eines Aufwandes von 2400 bis 3000 M/ha LN wird mit 100 M Aufwandserhöhung ein Zuwachs des Bruttoumsatzes von 78 M erreicht. (Ein Rentabilitätsvergleich ist auf der Grundlage dieser Zahlen nicht möglich. Der Bruttoumsatz ist zu Meßwerten berechnet. Diese Meßwerte berücksichtigen ungenügend den gesellschaftlich notwendigen Arbeitsaufwand. Bei Anwendung der Preise für landwirtschaftliche Erzeugnisse würde sich der Bruttoumsatz um etwa 30 % erhöhen.)

Im Bereich von 5400 bis 6000 M Kosten für vergegenständlichte Arbeit je ha LN beträgt der Zuwachs nur noch 51 M.

Auf dem natürlichen Standort D 2 beträgt der Differentialertrag im Bereich von 2100 bis 2400 M/ha LN 53 M Bruttoumsatz.

Dieser Differentialertrag ist etwas günstiger als im Bereich von 5300 bis 6000 M auf dem natürlichen Standort D 4. Schlußfolgernd ergibt sich, daß eine Konzentration des Aufwandes an gesellschaftlicher Arbeit, der in der Landwirtschaft getätigt wird, auf die relativ günstigsten natürlichen Standortbedingungen die Aufwendungen dort so erhöhen würde, daß ihr Differentialertrag geringer wird gegenüber dem Einsatz dieser Aufwendungen auf ungünstigeren natürlichen Standortbedingungen. Erforderlich ist, bei jeder Aufwandserhöhung das sich ergebende Wachstum des Bruttoumsatzes zu beachten, nur dann ist eine ökonomische richtige Entscheidung möglich.

Für ökonomische Betrachtungen ist es nicht nur von Bedeutung, zu ermitteln, welcher Output mit einer vorgegebenen Faktorkombination erzielt werden kann. Im Produktionsprozeß kann in vielen Fällen ein gleiches Ergebnis mit einem unterschiedlichen Verhältnis der einzelnen Produktionsfaktoren zueinander erreicht werden. Die einzelnen Produktionsfaktoren sind gegeneinander substituierbar.

Durch die Berechnung von Isoquanten für y ist es möglich, die verschiedensten Faktorkombinationen und damit die Substitutionsbeziehungen zwischen den Produktionsfaktoren zu ermitteln.

Die Abbildung 3 zeigt, wie eine gleiche Menge von y (2400, 2500, 2600 M/ha) mit den verschiedensten Kombinationen von x_1 und x_2 erzeugt werden kann, wenn x_3 dabei konstant gehalten wird. Daraus wird ersichtlich, daß es zum Beispiel möglich ist, einen Bruttoumsatz von 2500 M je ha bei Kosten für vergegenständlichte Arbeit ohne Abschreibungen von 2100 M/ha LN mit 9 AK/100 ha LN und 6892 M Grundmitteln je ha LN bzw. mit 17 AK/100 ha LN und 6179 M Grundmitteln je ha LN zu erzeugen.

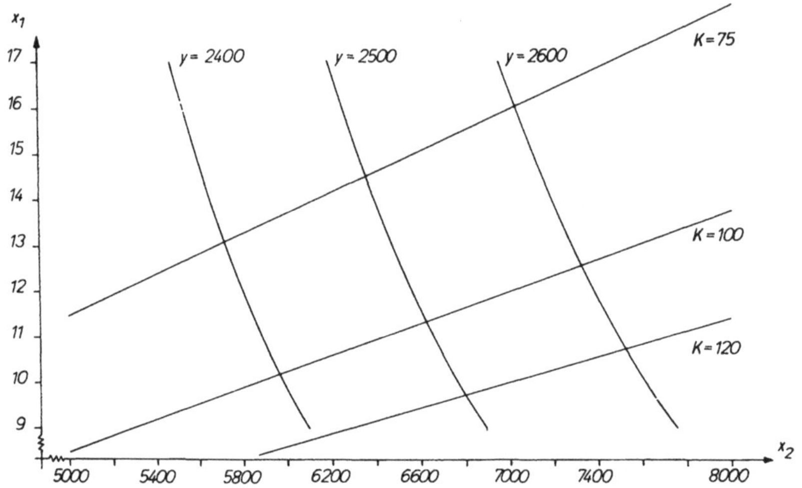

Abb. 3: Isoquanten für y bei variierten x_1 und x_2 und konstanten x_3 (2100 M/ha) sowie Isokline für die natürliche Standorteinheit D 2 (Nord)

Das bedeutet, für die Einsparung von 8 AK/100 ha LN werden 713 M/ha LN mehr Grundmittel benötigt. Für den Ersatz einer AK/100 ha LN sind demnach innerhalb des zulässigen Bereiches im Durchschnitt 8900 M Grundmittel erforderlich.

Das Substitutionsverhältnis ist jedoch innerhalb des zulässigen Bereiches nicht einheitlich. Wie aus Abbildung 4 ersichtlich ist, wird mit der Verringerung des AK-Besatzes der Bedarf an Grundmitteln für den Ersatz einer AK/100 ha LN immer größer.

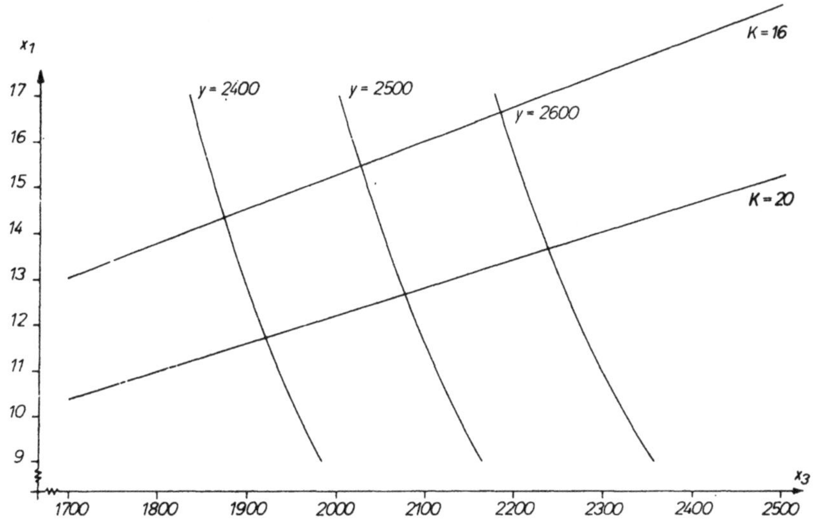

Abb. 4: Isoquanten für y bei variierten x_1 und x_3 und konstanten x_2 (6600 M/ha) sowie Isokline für die natürliche Standorteinheit D 2 (Nord)

Während zum Beispiel im Bereich von 15 bis 17 AK/100 ha LN 6700 M Grundmittel als Ersatz für eine AK benötigt werden, beträgt diese Summe im Bereich von 9 bis 11 AK 11 700 M. Das sind 5000 M zu ersetzende AK mehr.

Das Substitutionsverhältnis ist aber auch abhängig vom Ertragsniveau, d. h. von y.

Bei steigendem Bruttoumsatz ergibt sich ein sich ständig vergrößernder Bedarf an Grundmitteln als Ersatz für eine Arbeitskraft. Diese Feststellung bestätigt auch das durchschnittliche Substitutionsverhältnis bei unterschiedlichem y.

y	$x_1 : x_2$
2000	1 : 4 550
2500	1 : 8 990
3000	1 : 15 425
3500	1 : 24 550

Von einer Verwendung dieser Zahlen ist noch abzusehen. Es handelt sich erst um rein methodische Untersuchungen. Die angeführten Zahlen sollen nur zur Verdeutlichung der möglichen Aussagen dienen, die mit Hilfe der Produktionsfunktionsanalyse möglich sind.

Die praktische Anwendung der Produktionsfunktionsanalyse in der Agrarökonomik stößt zur Zeit allerdings noch auf die Schwierigkeit, daß die für eine umfassende Anwendung erforderlichen Daten kaum vorhanden sind bzw. mit einem großen Aufwand aus dem betrieblichen Rechnungswesen beschafft werden müssen. Daraus ergibt sich auch, daß praktische Beispiele der Anwendung von Produktionsfunktionen in der Landwirtschaft der Deutschen Demokratischen Republik im wesentlichen auf die Darstellung des Nutzens maximaler und optimaler Mineraldüngung bei der Produktion von Kulturpflanzen vorliegen. Eine grundlegende Wandlung könnte hier geschaffen werden, wenn mit der Anwendung der elektronischen Datenverarbeitung durch die Schaffung eines Systems von Repräsentativbetrieben in größerem Umfange Ausgangsdaten zur Verfügung stehen.

Zusammenfassung

Mittels der Produktionsfunktionsanalyse ist es möglich, den Intensivierungseffekt quantitativ zu erfassen. In dem vorliegenden Bericht wird auf der Grundlage aggregierter Daten aus volkseigenen Gütern der natürlichen Standorteinheiten $D\,2$ und $D\,4$ (Nord) gezeigt, wie

- die Quantifizierung des Einflusses der lebendigen Arbeit, der Grundmittel und der Umlaufmittel auf den Bruttoumsatz;
- die Erfassung des Einflusses natürlicher Standortfaktoren und
- die Ermittlung der Substitutionsmöglichkeiten zwischen Arbeitskraft und Grundmitteln bzw. zwischen Arbeitskraft und Umlaufmitteln

erfolgen kann.

Bei den Ergebnissen handelt es sich erst um methodische Untersuchungen. Die angeführten Zahlen dienen nur zur Verdeutlichung der möglichen Aussagen, da der Umfang des Materials (geringe Anzahl von Betrieben eines Jahres) noch keine ökonomisch begründbare Aussage ermöglicht.

Резюме

Название работы: Применение анализа производственных функций для учета эффекта интенсификации

С помощью анализа производственных функций можно количественно учитывать эффект интенсификации. В предлагаемом отчете на основе агрегированных показателей народных имений, располо-

женных в естественных местообитаниях $D\,2$ и $D\,4$ (север) показано, как можно
- количественно выражать влияние живого труда, основных и оборотных средств на валовый оборот,
- учитывать влияние естественных факторов местообитания и
- как можно определять замещаемость рабочей силы основными средствами или рабочей силы оборотными средствами.

Результаты являются лишь методическими исследованиями. Приведенные величины служат только для пояснения возможных выводов, так как объем материала (небольшое число хозяйств за один год) не позволяет делать экономически обоснованных выводов.

Summary

Title of the paper: Functional production analysis and its use to record the effect of intensification

The effect of intensification can be recorded quantitatively by means of functional production analysis. The following approaches are suggested in this report on the basis of aggregated data derived from state farms located on $D\,2$ and $D\,4$ natural sites (North):
Quantification of the effects of living labour, fixed assets, and floating funds upon gross turnover;
Recording of the effects of natural site factors;
Assessment of possible substitution between labour and fixed assets or between labour and floating funds.

The results thus far achieved are based only on methodical studies. The figures quoted are intended merely to demonstrate possible statements, since the volume of the material studied (small number of farms in a given year) does not yet justify economically substantiated statements.

Anschrift des Verfassers:
Dr. rer. oec. habil. Horst ANDERS
Institut für Agrarökonomik Neetzow
der Deutschen Akademie der Landwirtschaftswissenschaften zu Berlin
2141 Neetzow

ARMIN KASTEN

Optimierung der Kombination von Produktionseinheiten bei unterschiedlicher Intensität

Der Prozeß der intensiven erweiterten Reproduktion der Landwirtschaft der Deutschen Demokratischen Republik führt zur immer stärkeren Konzentration der Produktion in großen Einheiten. Diese Produktionseinheiten sind im Idealfalle ausgerichtet auf die Erzeugung nur eines Hauptprodukts, z. B. die Herstellung von Milch mit Kühen. In diesen Produktionseinheiten arbeiten hochqualifizierte Spezialisten nach wissenschaftlich begründeten oder zu begründenden Produktionsverfahren mit vorwiegend spezialisierten Produktionsmitteln, Maschinen, Geräten und Gebäuden bei einem hohen Grad der selbständigen Planung und Abrechnung.

Diese Entwicklung mit ihren vielfältigen Formen hat ROSENKRANZ (1965) in seinem Vortrag auf der erweiterten Plenartagung der Deutschen Akademie der Landwirtschaftswissenschaften zu Berlin über Probleme der Intensivierung und des schrittweisen Überganges zu industriemäßigen Methoden der landwirtschaftlichen Produktion klar aufgezeichnet.

Ein Schwerpunkt der betriebswirtschaftlichen Forschung liegt bei der Planung der Organisation von Produktionseinheiten, wobei der Wissenschaft Technologie eine besondere Bedeutung zukommt. Wichtig erscheint uns die Ermittlung jener Elemente innerhalb der Produktionseinheiten verschiedener Produktionsbereiche, die den Mindestumfang bestimmen. In diesem Zusammenhang spielt die Unteilbarkeit einzelner Produktivkräfte (Menschen, Maschinen) und ganzer Produktivkraftsysteme, wie sie durch die obligatorische Verbindung einzelner Produktivkräfte entstehen, eine große Rolle. Dieser Sachverhalt ist auch bei der Optimierungsrechnung zu beachten.

Schon heute ist für einige landwirtschaftliche Produktionsbereiche eine Konzentration zu so großen Produktionseinheiten möglich und erforderlich, wie sie von einzelnen sozialistischen Landwirtschaftsbetrieben und Kooperationsgemeinschaften nicht organisiert werden können.

Diese aus dem landwirtschaftlichen Betrieb bzw. Betriebsverband ausgegliederten Produktionseinheiten werden in unsere Betrachtungen über die Kombination nicht einbezogen, obwohl auch diese Einheiten mit anderen Produktionsbereichen verflochten und die Rohstoffströme zwischen den Einheiten viel stärker sind.

Aus den Wechselbeziehungen zwischen den Produktionseinheiten verschiedener Produktionsbereiche ergeben sich Vorteile für ihre Kombination im Betrieb. Im folgenden verstehen wir unter Kombination das Nebeneinander verschiedener Produktionseinheiten im Betrieb oder im Kooperationsbereich, soweit Leistungen und Kosten nur nach zwischenbetrieblichen Vereinbarungen abgerechnet werden.

Wenn Produktionseinheiten im Rahmen einer langfristigen Entwicklungsplanung optimal kombiniert werden sollen, haben wir zuerst nach den Vorteilen und der Meßbarkeit des Kombinationseffektes zu fragen.

Als wichtigste Vorzüge der Kombination nennen JANNERMANN und GUSSEK (1966) die:

1. rationale Nutzung des Hauptproduktionsmittels Boden (einschließlich Risikominderung),
2. Überwindung des Saisoncharakters der landwirtschaftlichen Produktion,
3. rationelle Ausnutzung der Grundmittel,
4. Nutzung der Neben- und Abfallprodukte sowie eine nach Menge und Nährstoffgehalt ausgeglichene Futterversorgung,
5. Kontinuität und die Beschleunigung der Produktionsprozesse über verschiedene Stufen (reibungslose eigene Zulieferung, Kontrolle der Qualität und ständiger Umlaufmittelfluß),
6. Einschränkung des Transportaufwandes.

JANNERMANN und GUSSEK weisen darauf hin, daß bei Betriebsgrößen, die die Bildung von leistungsfähigen Produktionseinheiten erlauben, durch Kombination auch gleichzeitig die Vorteile der Konzentration genutzt werden können. Beide Vorteile werden auch dann wirksam, wenn die Kombination unter der Ausnutzung von Kooperationsbeziehungen zustandekommt. Die wachsende Größe der Produktionseinheiten führt zur Reduzierung der Zahl der Produktionsbereiche im Betrieb, zur weiteren Spezialisierung, und sie trägt zur Beantwortung der Frage bei, welche Bereiche vorrangig kombiniert werden sollten.

Die Kombination von Produktionseinheiten schränkt also die Spezialisierung und die mit ihr verbundenen Vorteile keineswegs ein. Wir müssen uns nur bemühen, die Wechselbeziehungen zwischen den auf Einseitigkeit und den auf Kombination drängenden Gestaltungskräften zu erfassen, zu quantifizieren und in die ökonomisch-mathematischen Modelle zur Betriebsoptimierung richtig aufzunehmen.

Das ökonomische Gewicht der einzelnen Vorzüge der Kombination läßt sich generell nicht einschätzen. Es hängt ab von der gesellschaftlichen Entwicklung der Produktivkräfte, vom Umfang und von der Intensität der einzelnen Produktionseinheiten und von den Standortverhältnissen.

Bei allen betriebsökonomischen Maßnahmen im Rahmen der intensiven erweiterten Reproduktion müssen wir die weitere Steigerung der Produktion und die Senkung der Selbstkosten im Auge behalten.

Untersuchen wir einmal die 6 genannten Vorteile der Kombination etwas näher:

1. Da sind zuerst die Fruchtfolgegesichtspunkte, die den Anbau mehrerer Früchte in einem Betrieb notwendig erscheinen lassen:

- unterschiedliche Vorfruchtansprüche und Vorfruchtwirkungen;
- zeitlich unterschiedliche Bodennutzung;

- unterschiedliche Nährstoffansprüche, aber Einschränkung durch Mineraldüngung;
- Wasseransprüche, werden eingeschränkt durch Beregnung;
- Krankheiten und Schädlinge, Einschränkung durch Bekämpfungsmittel.

Andererseits sehen wir bei Beachtung dieser Gesichtspunkte die Möglichkeiten, daß sich sogar betrieblich selbständige Produktionseinheiten bilden für Fruchtarten oder Fruchtartengruppen, die sich vom Produktionsverfahren her ähnlich sind oder ergänzen. Einheiten verschiedener Bereiche bewirtschaften einen gemeinsamen Bodenfonds, von dem sie jährlich einen der Fruchtfolge entsprechenden Anteil erhalten. Damit ließe sich der Fruchtfolgeeffekt, der im einzelnen sehr schwer meßbar ist und sich im Ertragsniveau der Rotation widerspiegelt, auch bei gemeinsamer, vertraglich geregelter Bodennutzung durch verschiedene Betriebe erreichen – also Ausnutzung der Spezialisierung und der Fruchtfolgevorteile.

Leider gibt es kaum Versuchsanlagen für Fruchtfolgen, aus denen die Ertragseinbußen bei zunehmender Einseitigkeit abzuleiten wären. Wir wollen die Schwierigkeiten solcher Versuche auch nicht verkennen. Um Untersuchungen über die Maximierung des Gesamtertrages einer Rotation durchführen zu können, genügt die Kenntnis der Kombinationseffekte einzelner Fruchtfolgeglieder nicht. Von großem Nutzen sind auch Optimierungsrechnungen mit dem Ziel, die Kombinationen von Fruchtarten zu ermitteln, die bei hohem Ertragsniveau ein Minimum an Ertragsrisiko mit sich bringen.

Wir sehen, daß eine unterschiedliche Organisationsintensität auch eine differenzierte Behandlung des Fruchtfolgeeffektes im Betriebsoptimierungsmodell nach sich zieht und möglicherweise sogar dazu führt, auf Fruchtfolgebedingungen zu verzichten – nämlich dann, wenn der Umfang der verschiedenen Produktionseinheiten der Pflanzenproduktion bereits feststeht. In diesen speziellen Fällen würden technologische Optimierungsprobleme in den Vordergrund treten.

2. Um einen Arbeitsausgleich herbeizuführen und Arbeitsspitzen zu vermeiden, werden Fruchtarten im Betrieb kombiniert, die sich in ihren zeitlichen Arbeitsansprüchen ergänzen. Der Effekt besteht in der Erhöhung der produktiven Einsatzzeiten und einer besseren Ausnutzung der universell einsetzbaren, ständig im Betrieb vorhandenen Produktivkräfte. Das Ergebnis ist eine Kostensenkung. Auch dieser Effekt vermindert sich bei zunehmender Festigung der Produktionseinheiten.

3. Mit zunehmender Produktionsintensität, steigendem Grundmitteleinsatz, wachsendem Spezialisierungsgrad der Werktätigen und der Produktionsmittel verlieren die in den verschiedenen Produktionseinheiten einzusetzenden Produktivkräfte ihre Universalität (selbstfahrende Kombines). Damit wird der Anteil jener Produktivkräfte, über deren optimalen Einsatz in den einzelnen Produktionsbereichen bei der Optimierungsrechnung entschieden wird, immer geringer. In gleicher Richtung wirken sehr teure Produktionsmittel, z. B. die Beregnung. Hier geht es höchstens um die Kombination solcher Früchte, die sich in ihrem

zeitlichen Beregnungsanspruch ergänzen und das Produktionsmittel Wasser gut ausnutzen.

Je selbständiger und je optimaler (im Hinblick auf die Ausnutzung der Produktionsmittel) die Produktionseinheiten aus technologischer Sicht organisiert sind, desto weniger Bedeutung hat der Kombinationseffekt auf dem Gebiet des gemeinsamen Produktionsmitteleinsatzes.

4. Die Produktion von und mit Tieren bedingt ein nach Menge und Nährstoffgehalt ausgeglichenes Futterangebot. Vegetationsperiode und Vegetationsruhe führen zu einer jahreszeitlich unterschiedlichen Futterversorgung aus Frischgut und Konserve. Die zeitliche Verfügbarkeit der einzelnen Futterfrüchte, ihre Konservierungseignung und ihr unterschiedlicher Nährstoffgehalt machten bisher eine Kombination mehrerer Futterfrüchte im Betrieb erforderlich. Schon die Gegenwart zeigt uns, daß eine Trennung der Futterkonserve-Produzenten von der Tierproduktion möglich ist (VEG Zingst). Die Zulieferung von Rauhfutter und Silage auf Vertragsbasis ist ohne weiteres denkbar. Schwieriger erscheint die Frischfutterversorgung während der Vegetationszeit auf dieser Basis. An den Markt für gut lagerfähige, leicht transportierbare und hochkonzentrierte Futtermittel haben wir uns seit langem gewöhnt. Je mehr Trockengrün und Pellets erzeugt und eingesetzt werden, desto weniger ist die betriebliche Kombination von Tierproduktion und Futterbau bedeutsam.

Der Kombinationseffekt zwischen Tierproduktion und Futtererzeugung läßt sich messen am Aufwand an Futtererzeugungsfläche je Tiereinheit (= Fläche, die vollständig der Futterproduktion dient, also einschließlich Getreide, Futterkartoffeln und Futterzuckerrüben), weiterhin an den Futterkosten je Tiereinheit bzw. je Erzeugniseinheit, einschließlich der Transportkosten.

5. Das Streben, möglichst viele Produktionsstufen im Betrieb zu vereinigen, sollte auf lange Sicht kein Kriterium mehr für eine Kombination von Bereichen sein. Es gibt eine Reihe von Beispielen für die vertraglich gut geregelte Zulieferung von Stufenprodukten. Das Funktionieren der Vertragsbeziehungen hängt entscheidend vom Entwicklungsstand der Produktivkräfte ab und besonders vom Bewußtsein der Werktätigen. Sicherlich wird sich aus einem Netz von zwischenbetrieblichen Verträgen mit betriebsindividuellen Preisvereinbarungen und einem relativ kleinen Absatz nur für die Endprodukte ein großer Absatz auch für viele Stufenprodukte entwickeln.

6. Die Senkung des Transportaufwandes bei der Kombination von Produktionseinheiten ist in Abhängigkeit von dem Konzentrationsgrad zu sehen. Die Beziehungen zwischen der wachsenden Konzentration und dem zunehmenden Transportaufwand bei Einsatz verschiedener Transportmittel lassen sich in Optimierungsmodellen untersuchen.

Die Bestimmungsgründe für die Kombination von Produktionseinheiten sind stets im Zusammenhang mit dem jeweiligen Entwicklungsstand der Produktivkräfte zu betrachten. Sie wandeln sich fortlaufend.

Zunächst können wir festhalten, daß die einzelnen Kombinationseffekte zwischen Produktionseinheiten verschiedener Bereiche sich in isolierten Optimierungsrechnungen bestimmen lassen, soweit die erforderlichen Daten vorliegen. Mit zunehmendem Einsatz von komplizierter lebendiger Arbeit und Produktionsmitteln werden die Kombinationseffekte zwischen Produktionseinheiten abgebaut. Intensive erweiterte Reproduktion und die Bildung von Produktionseinheiten bedingen sich gegenseitig.

Die Betriebsprojektierung sollte beginnen mit der Planung von technologisch gut funktionierenden Produktionseinheiten. Es erscheint nützlich, zwischen vorgeordneten Produktionseinheiten und nachgeordneten zu unterscheiden. Vorgeordnet wären Milchproduktion und Fabrik-Zuckerrübenerzeugung, also die Einheiten, aus denen der Volkswirtschaftsplan direkt erfüllt wird. Nachgeordnet wären die Futterproduktion für Kühe, die Färsenproduktion und die Futter-Zuckerrübenproduktion (für Schweine).

Wir sollten vielleicht auch unterscheiden zwischen stabilen und instabilen Produktionseinheiten. Der Grad der Stabilität wird bestimmt durch den Umfang der langfristig festgelegten Grundmittel, Produktions- und Wohngebäude sowie stationäre Anlagen. Meist werden sich die vorgeordneten Produktionseinheiten durch einen höheren Grad der Stabilität auszeichnen.

Die vorgeordneten Produktionseinheiten sind sogar in zweifacher Hinsicht stabil: nämlich auch als langfristige Vertragspartner der Verarbeitungsbetriebe. Damit ist der Umfang aller vorgeordneten Produktionseinheiten mehr volkswirtschaftlich bestimmt und der Umfang der nachgeordneten stärker betriebswirtschaftlich begründet.

Diese Systematisierung hilft uns, die richtigen ökonomischen Kriterien für die optimale Kombination von Produktionseinheiten zu finden. Leider sind wir gegenwärtig bei der Betriebsoptimierung entwicklungsbedingt noch an sehr viele stabile Elemente von Teilsystemen für Produktionseinheiten gebunden und so zu einer Reihe von Kombinationen von an sich unvollständigen Einheiten gezwungen. Diese Unvollkommenheiten lassen sich nur teilweise durch Kooperationsbeziehungen überwinden.

Das Optimum-Kriterium, das die volkswirtschaftlichen Ziele unter den Bedingungen des neuen ökonomischen Systems am besten in die Betriebsebene projiziert, ist das maximale Reineinkommen. In diesem Punkt sind wir uns einig mit STEGMANN (1966), DITTMANN und JAHN (1967), MÜLLER und NOLL (1967).

Daß man bei einer Zielstellung mehrere Produktionsaufgaben durch Formulierung entsprechender widerspruchsfreier Nebenbedingungen gleichzeitig erfüllen kann, sei nochmals ausdrücklich betont.

Von großem Nutzen für die Bestimmung der optimalen Produktionsintensität sind die auf einzelne Produktionsbereiche bezogenen Produktionsfunktionsanalysen. Darauf weist auch BADEWITZ (1966) hin. Die bereichsbezogenen Intensitätskennzahlen gewinnen immer mehr Bedeutung.

Ohne Zweifel ist die Betrachtung der funktionalen Zusammenhänge zwischen dem Einsatz mehrerer Produktivkräfte von größerem ökonomischen Interesse als die einfache Produktionsfunktionsanalyse.

Wir müssen immer wieder darauf hinweisen, daß Produktionsfunktionen sich nur berechnen lassen, wenn genügend Daten vorliegen und wenn diese Daten auch aus entsprechend angelegten Versuchen stammen. Ohne eine enge Zusammenarbeit von Wissenschaftlern verschiedener Fachgebiete (Acker- und Pflanzenbauer, Pflanzenernährer, Mathematiker, Ökonom; Tierernährer, Mathematiker, Ökonom) ist die Lösung so komplexer Aufgaben unvorstellbar.

HOFFMANN und DÖRFEL (1961, 1963) SCHADEREIT (1967), JANNERMANN und DITTMANN (1967) geben sehr anschauliche Beispiele für die Auswertung von Produktionsfunktionen hinsichtlich des ökonomisch optimalen Produktionsmitteleinsatzes in einzelnen Bereichen bei unterschiedlichen Erlösen und Kosten. Derartige Vorweg-Untersuchungen über den ökonomisch optimalen Einsatz von unbegrenzt und begrenzt verfügbaren Produktionsmitteln können die Optimierungsmodelle erheblich entlasten. Sie vermitteln bereits Vorstellungen über die optimale Produktionsintensität und die Rentabilität des Bereiches. Das ist bei der beschränkten Automatenkapazität z. Z. leider nicht unwesentlich.

Wir haben also in einer Gruppe von Modellen bei gegebener Produktionsintensität die optimale Kombination von Produktionsbereichen zu Einheiten zu bestimmen. Wenn wir über Rechenautomaten mit hoher Leistungsfähigkeit verfügen, lassen sich aber auch weitaus größere Optimierungskomplexe lösen, wie z. B. die gleichzeitige Ermittlung der optimalen Produktionsintensität und der Kombination von Bereichen zu Produktionseinheiten. Wir sollten uns wenigstens eine gedankliche Konzeption erarbeiten und Modelle für derartig umfangreiche Untersuchungen vorbereiten.

Zusammenfassung

Die Gesichtspunkte für die optimale Kombination von großen selbständig planenden und abrechnenden Produktionseinheiten der Pflanzen- und Tierproduktion lassen sich nur bedingt aus den bisherigen Vorstellungen über die Vorzüge der Kombination von verschiedenen Bereichen im sozialistischen Landwirtschaftsbetrieb herleiten. Ökonomische und biologische Vorteile der Kombination sind auch über vertraglich geregelte Kooperationsbeziehungen zwischen einseitig organisierten Betrieben erreichbar. Dieser Sachverhalt ist bei Optimierungsrechnungen zu berücksichtigen. In der Zukunft gewinnt die bereichsbezogene Optimierungsrechnung an Bedeutung, die mit der Bestimmung der optimalen Aufwands- und Ertragsstruktur verbunden werden kann.

Резюме

Название работы: Оптимизация сочетания производственных единиц с различной интенсивностью

Положения об оптимальном сочетании крупных, самостоятельно планирующих и отчитывающихся производственных единиц растениеводческого и животноводческого производства можно лишь ограничено выводитъ из имевшихся до сих пор представлений о преимуществах сочетания различных отраслей социалистического сельскохозяйственного предприятия. Экономических и биологических преимуществ сочетания можно добиваться путем договорных кооперативных взаимосвязей между односторонне организованными хозяйствами. Это положение следует учитывать при проведении расчетов по оптимизации. В будущем приобретет значение оптимизация отдельных сфер, которая может быть увязана с определением оптимальной структуры затрат и доходов.

Summary

Title of the paper: Optimization of combining production units of varying intensity

The criteria for the optimum combination of large, autonomously-planning and independently-financed units of plant and animal production can only to a certain extent be derived from the ideas so far valid on the advantages of combining various enterprises of one socialist farm. Economic and biological advantages of combination can also be achieved by means of contractual interfarm cooperation relations between farms of unilateral set-up. This fact must be taken into consideration when calculating optimization. In the future, optimization calculations directed towards determined enterprises, will acquire increasing importance. These calculations can be linked up with the determination of the optimum structure of inputs and yield.

Literatur

BADEWITZ, S.: Intensivierung und Rationalisierung – Maße und Maßstäbe zu ihrer Messung. Z. Agrarökonomik 9 (1966), S. 303–313

DITTMANN, L.; JAHN, W.: Zur Anwendung der linearen Optimierung bei der Betriebsprojektierung sozialistischer Landwirtschaftsbetriebe. Wiss. Z. Univ. Rostock, Math.-naturwiss. R. 16 (1967), H. 3

HOFFMANN, E.: Die Anwendung mathematischer und rechenmechanischer Hilfsmittel in der Agrarökonomik. Z. Agrarökonomik 4 (1961), S. 131–138

HOFFMANN, E.; DÖRFEL, H.: Die funktionelle Betrachtungsweise bei Auswertung von Feldversuchen. Z. landwirtsch. Versuchs- u. Untersuchungswes. 9 (1963), H. 1

JAHN, W.; DITTMANN, L.: Diskussion von Ergebnissen linearer Betriebsoptimierung der LPG Lohme. Z. Agrarökonomik 10 (1967), S. 26–40

JANNERMANN, G.; JAHN, W.; DITTMANN, L.: Zur Bestimmung des ökonomischen Nutzens der Stickstoffdüngung bei zunehmenden Aufwendungen. Dt. Landwirtsch. 18 (1967), S. 254–259

JANNERMANN, G., und Kollektiv: Grundriß der Ökonomik sozialistischer Landwirtschaftsbetriebe. Berlin, VEB Dt. Landwirtsch.-Verl., 1966

MÜLLER, H.; NOLL, W.: Probleme der Auswahl von Zielkriterien bei der Optimierung betrieblicher Perspektivpläne. Z. Agrarökonomik 10 (1967), S. 265–274

ROSENKRANZ, O.: Stand und weitere Entwicklung der industriemäßigen Produktion im Feldbau sozialistischer Landwirtschaftsbetriebe. Z. Agrarökonomik 8 (1965), S. 37–45

SCHADEREIT, G.: Die Anwendung der Produktionsfunktionsanalyse zur Bestimmung des Nutzens der Umlaufmittel. Z. Agrarökonomik 10 (1967), S. 40–49

STEGMANN, H.: Einige Erfahrungen bei der Optimierung des Betriebsergebnisses in landwirtschaftlichen Produktionsgemeinschaften. Z. Agrarökonomik 9 (1966), S. 319 bis 328

Anschrift des Verfassers:
Dr. agr. Armin KASTEN
Wissenschaftlich-technisches Zentrum für Landtechnik
– Außenstelle Halle –
402 Halle, Mühlweg 22

Bei Fragen zur Produktsicherheit wenden Sie sich bitte an:
If you have any questions regarding product safety,
please contact:

Walter de Gruyter GmbH
Genthiner Straße 13
10785 Berlin
productsafety@degruyterbrill.com